LA GRANDE IMAGERIE

LES ENGINS
DE CHANTIER

Auteur
Agnès VANDEWIELE

Illustration
Jacques DAYAN

Collection créée et conçue par
Émilie BEAUMONT

GROUPE FLEURUS, 15-27, rue Moussorgski, 75018 PARIS
www.editionsfleurus.com

LES ENGINS POLYVALENTS

Pour déplacer de la terre, creuser, déblayer, aplanir et exécuter toutes sortes de travaux, on utilise par tous les temps des machines robustes et puissantes équipées de moteur Diesel : bulldozers, pelles hydrauliques, chargeuses-pelleteuses. Leurs équipements, leur taille et leur puissance varient selon leur utilisation. Généralement, les conducteurs de ces engins sont capables de les conduire indifféremment. Pour des raisons de sécurité, les engins sont souvent équipés d'une alerte qui fonctionne en marche arrière.

La flèche est un bras articulé auquel est fixé le balancier.

Le balancier enfonce le godet dans la terre.

Le godet rétro gratte le sol vers la pelle.

La flèche de la pelle

La longueur de la flèche varie selon la portée désirée (bras long, moyen ou court). On choisit aussi la forme du godet (godet rétro ou godet en butte) en tenant compte du travail à faire et de la force nécessaire pour creuser.

Les barbotins sont des roues dentées, reliées au moteur, qui entraînent les chenilles.

Le bulldozer

Cet engin tout terrain, muni à l'avant d'une large lame d'acier, s'utilise pour déplacer de la terre, des rochers, pour répandre du gravier, dégager le passage d'une route, boucher des trous, extraire toutes sortes de matériaux.

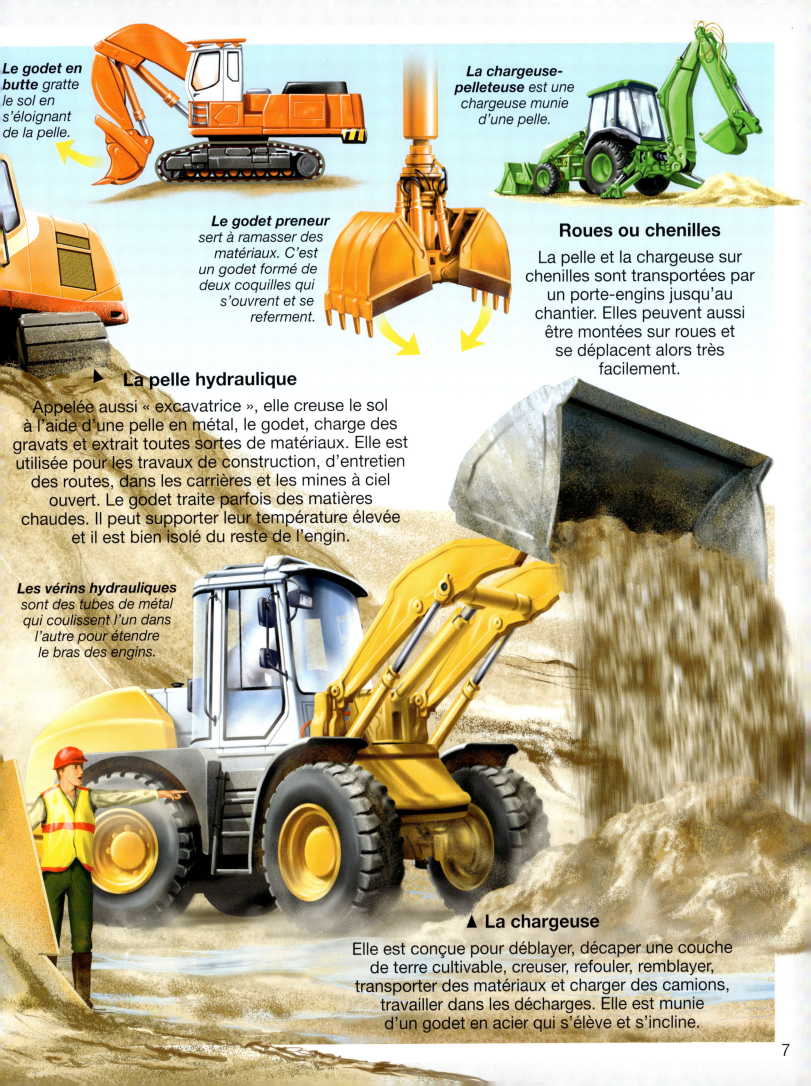

Le godet en butte gratte le sol en s'éloignant de la pelle.

Le godet preneur sert à ramasser des matériaux. C'est un godet formé de deux coquilles qui s'ouvrent et se referment.

La chargeuse-pelleteuse est une chargeuse munie d'une pelle.

Roues ou chenilles

La pelle et la chargeuse sur chenilles sont transportées par un porte-engins jusqu'au chantier. Elles peuvent aussi être montées sur roues et se déplacent alors très facilement.

▶ La pelle hydraulique

Appelée aussi « excavatrice », elle creuse le sol à l'aide d'une pelle en métal, le godet, charge des gravats et extrait toutes sortes de matériaux. Elle est utilisée pour les travaux de construction, d'entretien des routes, dans les carrières et les mines à ciel ouvert. Le godet traite parfois des matières chaudes. Il peut supporter leur température élevée et il est bien isolé du reste de l'engin.

Les vérins hydrauliques sont des tubes de métal qui coulissent l'un dans l'autre pour étendre le bras des engins.

▲ La chargeuse

Elle est conçue pour déblayer, décaper une couche de terre cultivable, creuser, refouler, remblayer, transporter des matériaux et charger des camions, travailler dans les décharges. Elle est munie d'un godet en acier qui s'élève et s'incline.

LES GRUES

Les grues servent à hisser de lourdes charges à une hauteur élevée pour la construction de tous genres d'édifices tels qu'immeubles, barrages, ponts. La hauteur et la puissance de levage varient selon les besoins du chantier. Pour des questions de sécurité, elles sont équipées d'une guirlande lumineuse qui les signale dans la nuit. Les grues montées sur chenilles ou sur camion sont mobiles. Parmi les grues de dimension exceptionnelle, on compte une grue haute de 265 mètres qui pouvait soulever 20 tonnes.

*Pour installer **une grue sur chenilles** d'une capacité de levage de 900 tonnes, équipée de 8 chenilles et apportée sur le chantier par plusieurs camions-remorques, il faut une seconde grue, 5 techniciens et 20 heures de montage !*

La grue sur chenilles

Cette grue peut installer des poutrelles, monter des murs en béton, poser des charpentes métalliques. Suivant le poids des charges à soulever, il existe divers types de grues sur chenilles, équipées d'une benne preneuse ou d'un godet. À l'aide d'un godet, elle peut aussi creuser des fondations. Des fléchettes prolongent la flèche et orientent le câble qui tire le godet.

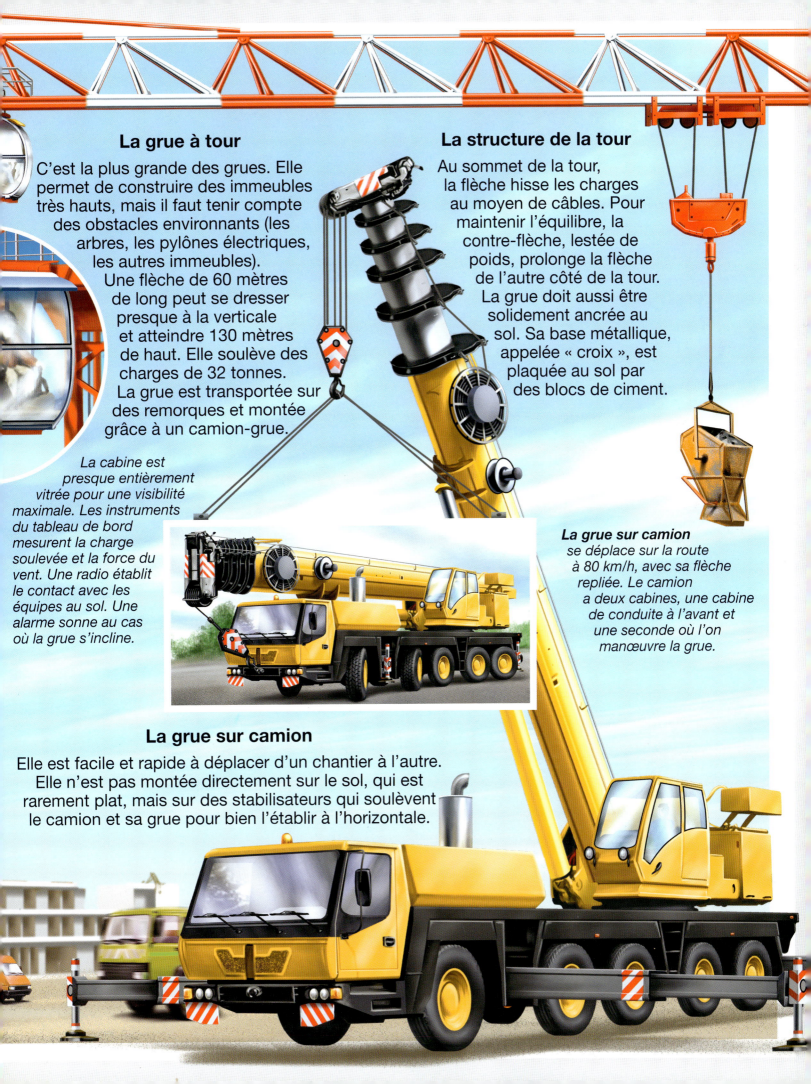

La grue à tour

C'est la plus grande des grues. Elle permet de construire des immeubles très hauts, mais il faut tenir compte des obstacles environnants (les arbres, les pylônes électriques, les autres immeubles). Une flèche de 60 mètres de long peut se dresser presque à la verticale et atteindre 130 mètres de haut. Elle soulève des charges de 32 tonnes. La grue est transportée sur des remorques et montée grâce à un camion-grue.

La cabine est presque entièrement vitrée pour une visibilité maximale. Les instruments du tableau de bord mesurent la charge soulevée et la force du vent. Une radio établit le contact avec les équipes au sol. Une alarme sonne au cas où la grue s'incline.

La structure de la tour

Au sommet de la tour, la flèche hisse les charges au moyen de câbles. Pour maintenir l'équilibre, la contre-flèche, lestée de poids, prolonge la flèche de l'autre côté de la tour. La grue doit aussi être solidement ancrée au sol. Sa base métallique, appelée « croix », est plaquée au sol par des blocs de ciment.

La grue sur camion se déplace sur la route à 80 km/h, avec sa flèche repliée. Le camion a deux cabines, une cabine de conduite à l'avant et une seconde où l'on manœuvre la grue.

La grue sur camion

Elle est facile et rapide à déplacer d'un chantier à l'autre. Elle n'est pas montée directement sur le sol, qui est rarement plat, mais sur des stabilisateurs qui soulèvent le camion et sa grue pour bien l'établir à l'horizontale.

LES ENGINS PORTUAIRES

Dans les ports maritimes et fluviaux, on utilise des engins de manutention très rapides pour le chargement et le déchargement des marchandises. Les engins sont équipés d'outils spéciaux : des bennes pour le charbon ou les engrais en vrac, des grappins pour la ferraille, et des spreaders, grands cadres métalliques, pour les conteneurs. Dans les chantiers navals, grues et portiques géants interviennent dans la construction des navires.

Les portiques

Un portique est un appareil de levage. Une grande structure métallique avec de hauts pieds porte des poutres horizontales auxquelles sont fixés les appareils de manutention. Le portique se déplace sur des rails le long du quai afin de se placer au-dessus des cales d'un navire. Il hisse les machandises qui y sont entreposées, les transporte au-dessus du quai pour les décharger ensuite dans des camions, des wagons ou sur des aires de stockage. Le plus souvent, les manœuvres sont commandées par un conducteur, mais certains portiques sont entièrement robotisés et commandés à distance.

Les grues mobiles sur roues, placées à proximité des navires, sont utilisées pour la manutention des marchandises sur palettes, en colis, en conteneurs ou en vrac, comme le bois, l'acier, la ferraille, le gravier ou le sable.

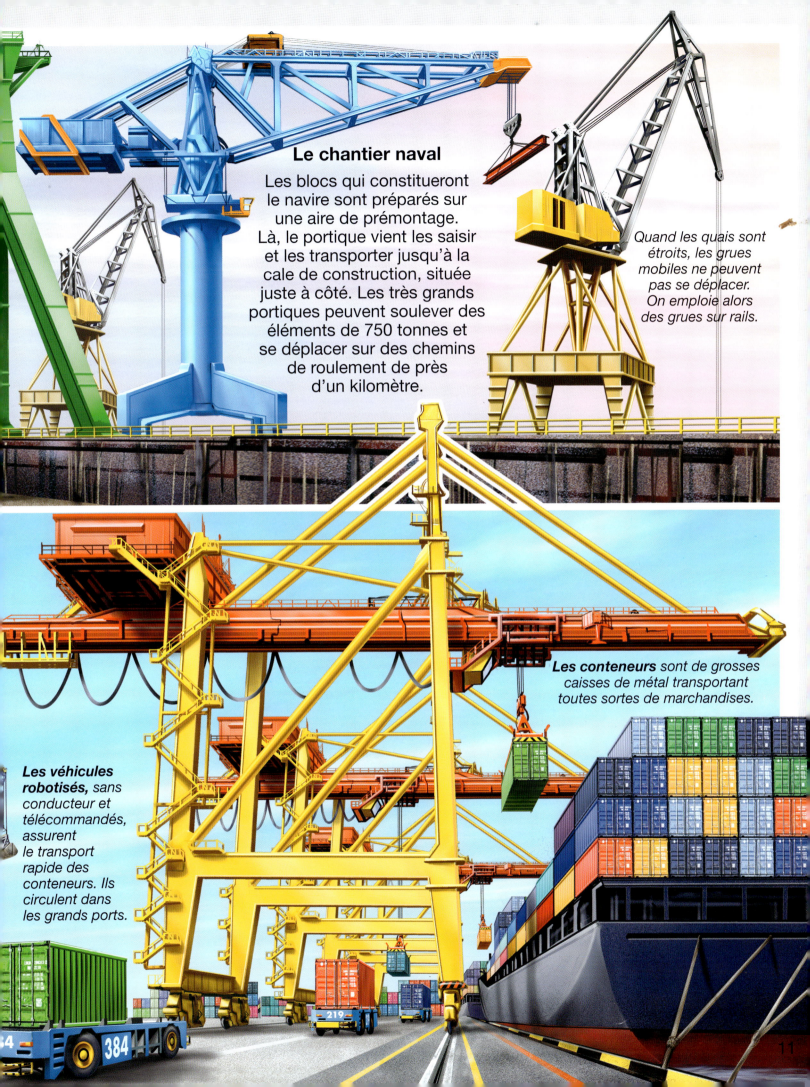

Le chantier naval

Les blocs qui constitueront le navire sont préparés sur une aire de prémontage. Là, le portique vient les saisir et les transporter jusqu'à la cale de construction, située juste à côté. Les très grands portiques peuvent soulever des éléments de 750 tonnes et se déplacer sur des chemins de roulement de près d'un kilomètre.

Quand les quais sont étroits, les grues mobiles ne peuvent pas se déplacer. On emploie alors des grues sur rails.

Les conteneurs sont de grosses caisses de métal transportant toutes sortes de marchandises.

Les véhicules robotisés, sans conducteur et télécommandés, assurent le transport rapide des conteneurs. Ils circulent dans les grands ports.

LES DRAGUES

Les dragues sont des engins de terrassement destinés à enlever le sable, le gravier ou la vase au fond des rivières ou en mer. Elles nettoient les cours d'eau et les voies navigables engorgés par des sédiments, enlèvent des matériaux pollués, approfondissent les ports. L'extraction des sédiments ou des roches se fait par les moyens mécaniques d'une pelle sur ponton dipper-dredge, d'une drague à godets, ou par le pompage d'une drague aspiratrice. Les matériaux dragués sont mis en dépôt et parfois traités, ou utilisés pour faire des remblais.

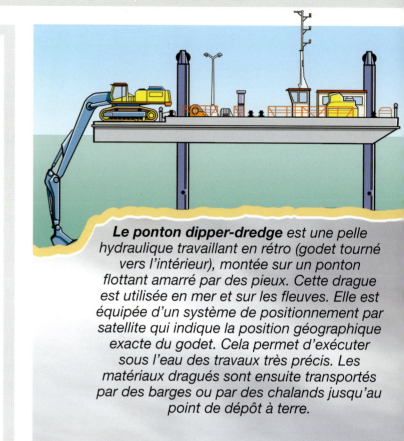

Le ponton dipper-dredge est une pelle hydraulique travaillant en rétro (godet tourné vers l'intérieur), montée sur un ponton flottant amarré par des pieux. Cette drague est utilisée en mer et sur les fleuves. Elle est équipée d'un système de positionnement par satellite qui indique la position géographique exacte du godet. Cela permet d'exécuter sous l'eau des travaux très précis. Les matériaux dragués sont ensuite transportés par des barges ou par des chalands jusqu'au point de dépôt à terre.

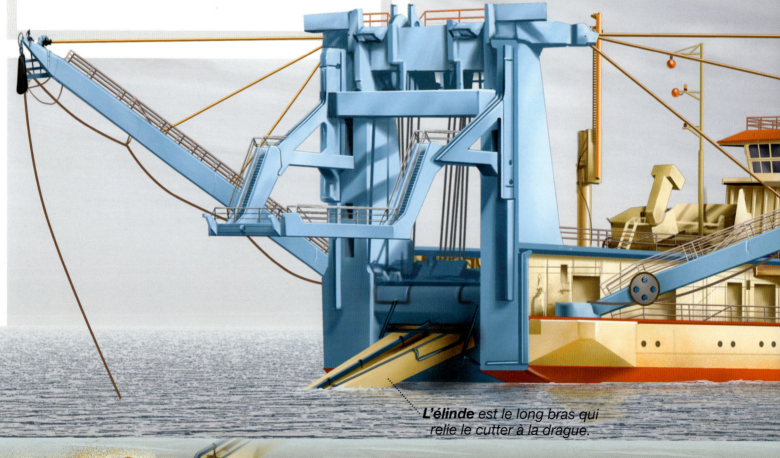

L'élinde est le long bras qui relie le cutter à la drague.

Le désagrégateur ou cutter réduit en morceaux des blocs de matériaux solides.

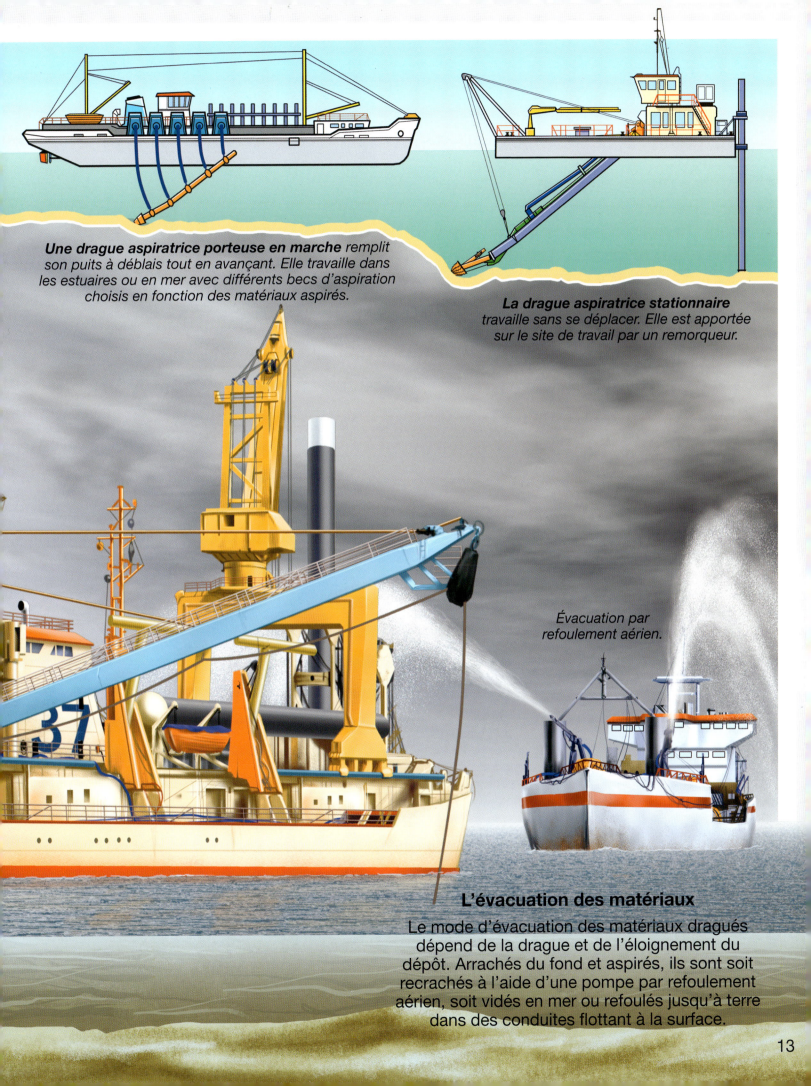

Une drague aspiratrice porteuse en marche remplit son puits à déblais tout en avançant. Elle travaille dans les estuaires ou en mer avec différents becs d'aspiration choisis en fonction des matériaux aspirés.

La drague aspiratrice stationnaire travaille sans se déplacer. Elle est apportée sur le site de travail par un remorqueur.

Évacuation par refoulement aérien.

L'évacuation des matériaux

Le mode d'évacuation des matériaux dragués dépend de la drague et de l'éloignement du dépôt. Arrachés du fond et aspirés, ils sont soit recrachés à l'aide d'une pompe par refoulement aérien, soit vidés en mer ou refoulés jusqu'à terre dans des conduites flottant à la surface.

LE TUNNELIER

Un tunnelier est un gigantesque engin mécanique, de près d'un millier de tonnes, qui creuse la terre comme une énorme taupe. Cette machine est un très grand cylindre muni d'énormes roues de coupe hérissées de dents. Le tunnelier avance dans la roche à la vitesse d'environ 1 000 mètres par mois. Un tunnelier peut mesurer 8,72 mètres de haut et 260 mètres de long. Le train de service situé dans le corps du tunnelier transporte une salle de repos pour les ouvriers et une infirmerie. Les ouvriers ont l'habitude de lui attribuer un prénom.

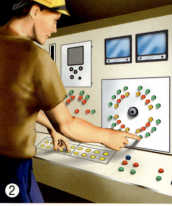

Un rayon laser, dirigé dans l'axe du tunnel, indique la position précise de la tête de coupe (1). Dans le poste de pilotage situé à une dizaine de mètres en arrière, le pilote peut ainsi orienter très précisément le tunnelier et corriger les déviations éventuelles de sa progression, qu'il surveille sur un écran d'ordinateur (2).

En même temps que l'on creuse le tunnel, on recouvre ses parois de dalles courbes de béton armé, appelées « voussoirs ». Apportés par des wagons, c'est le tunnelier lui-même qui les pose (3). Une fois assemblés, ils forment l'armature intérieure du tunnel. Les ouvriers coulent ensuite du ciment pour les fixer (4). En creusant, le tunnelier arrache des millions de mètres cubes de déblais (terre ou roche). Ces déblais sont évacués à l'entrée du tunnel. Soit ils sont remontés sous forme solide, soit ils sont mélangés à de l'eau et pompés jusqu'à la surface (5).

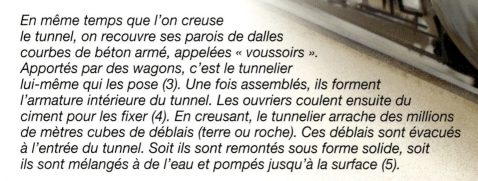

L'Eurotunnel

Pour creuser les 3 tunnels sous la Manche qui forment l'Eurotunnel, il a fallu 11 tunneliers, dont 6 entièrement étanches comme de gros sous-marins, afin de percer des roches imprégnées d'eau. Le point de départ se trouvait à 47 mètres sous terre.

ENGINS MINIERS

Pour extraire le charbon, l'or, l'argent et d'autres métaux du sol, il faut souvent déplacer d'énormes quantités de terre. C'est pourquoi l'exploitation de ces minerais n'est rentable que si l'on utilise de gros engins. Les filons de minerai sont recouverts par des couches de terre ou de roches, que l'on morcelle au moyen d'explosifs et que l'on enlève. Les grandes pelles utilisées dans les mines à ciel ouvert extraient alors le minerai, qu'elles chargent sur de gros dumpers. L'exploitation une fois terminée, des engins remettent en place la couche de terre.

La pelle minière

Cette pelle hydraulique de grande puissance est montée sur chenilles. Dans les mines à ciel ouvert, elle enlève la couche de terre recouvrant le minerai, puis le minerai lui-même.

Les plus grosses pelles minières peuvent enlever 80 tonnes de matériaux d'un seul coup.

La haveuse

Dans les mines souterraines, la haveuse à taille continue est équipée d'une roue dentée, qui tourne sans arrêt. Elle racle les parois, récupère le matériau arraché. Avec cet engin, on extrait du charbon ou de l'or.

Le camion minier ou dumper

C'est un des plus gros camions roulant sur terre. La benne basculante peut porter des charges de 360 tonnes. Ce camion est muni de 2 paires de roues à l'arrière. Très robuste, il résiste à la poussière et opère par tous temps, sous la pluie, dans le blizzard, la neige ou la glace.

Le conducteur de la pelle est protégé du bruit par une bonne isolation phonique et des chutes de pierres par des vitres en verre armé, c'est-à-dire très solide. Pour travailler en toute sécurité, on stabilise bien la pelle.

La cabine du camion minier est perchée très haut. Le conducteur y monte par une échelle. De là, il évalue le poids de sa charge. Il lui suffit d'appuyer sur un simple bouton pour lever ou abaisser sa lourde benne.

EXCAVATRICES ET DRAGLINES

Parmi les engins miniers figurent des monstres de dimensions stupéfiantes : draglines et excavatrices à godets. Ces machines ont été imaginées et construites au cours du XXe siècle, pour pouvoir déplacer en un temps record des quantités de terre énormes. Étant donné le poids et les dimensions de ces machines, on les démonte pour les déplacer et on les remonte sur un autre chantier. Il faut ainsi des centaines de camions pour déplacer ces engins !

Les excavatrices à godets sont des machines gigantesques qui enlèvent plusieurs centaines de milliers de tonnes de terre par jour et permettent ainsi d'exploiter des gisements qui, sinon, seraient abandonnés.

Une excavatrice à godets peut être aussi haute qu'un immeuble de 30 étages, et peser 14 900 tonnes !

L'excavatrice à roue à godets

Cet engin creuse le sol sans interruption. C'est la taille continue. Une longue flèche porte une énorme roue, munie de godets aux lames tranchantes. En tournant, elle racle le sol, remplit ses godets et déverse sa charge sur un tapis transporteur. La charge passe ensuite sur un second tapis qui la déverse à l'arrière dans un dumper ou un train.

La dragline a la particularité de pouvoir se déplacer d'elle-même. Elle est ainsi la plus grosse machine sur terre autopropulsée. Elle peut avoir la hauteur d'un immeuble de 20 étages.

Deux sabots métalliques sont entraînés en avant jusqu'à ce qu'ils se posent au sol. Un mécanisme soulève alors la machine, la fait avancer par rapport aux sabots, puis la repose. La machine a ainsi fait un pas, comme un marcheur.

Les draglines creusent

Ce sont des excavatrices. Elles portent une flèche au bout de laquelle pend un câble. Un énorme godet y est accroché. Un autre câble, appelé « câble de dragline », relie ce godet à l'engin. Pour creuser le sol ou racler le minerai, le godet est abaissé jusqu'à terre, puis le câble de dragline le tire vers l'excavatrice, remplissant ainsi le godet. Une fois qu'il est plein, la machine l'élève, pivote et va déposer sa charge sur un tas à proximité.

LES ENGINS ROUTIERS

Pour construire une nouvelle route, on étudie d'abord le tracé le plus pratique, sa longueur en kilomètres, les ponts, les viaducs et les tunnels nécessaires, tout le paysage, les cultures, les forêts... Ensuite, des archéologues vérifient que le terrain ne contient pas de vestiges intéressants. Si non, le chantier de terrassement peut commencer. Il faut aplanir le terrain, combler les trous et raser les bosses. Des camions apportent du sable et des gravillons. Sur le sol préparé, on étale l'enrobé.

Le terrassement

Sur le chantier, de nombreux engins travaillent en même temps. Les matériaux enlevés, les déblais, mélangés à des graviers, des pierres et du sable serviront à construire les remblais. Un concasseur réduit les matériaux en petits cailloux que l'on utilisera pour faire la couche de forme, première couche de la chaussée.

La pelle mécanique extrait les matériaux que les décapeuses ne peuvent arracher. Elle charge successivement une dizaine de camions-bennes, qui transportent ces matériaux vers les zones de remblayage.

La niveleuse
Après avoir répandu des pierres concassées sur le sol, on fait passer la niveleuse. Sa lame d'acier aplanit la surface.

Le compacteur à ergots
Il sert à aplanir les surfaces bosselées où passera la route. Les rouleaux du compacteur sont hérissés d'ergots ou de lames de métal, qui morcellent les bosses du sol.

Le bulldozer se place derrière la décapeuse, qu'il pousse afin qu'elle rabote le sol. La lame de la décapeuse guide la terre vers la benne. Une fois la benne remplie, la décapeuse va la décharger plus loin. Un bulldozer-pousseur peut actionner ainsi 6 décapeuses à tour de rôle.

La chaussée

Un autograde découpe et rabote la couche de forme, qui doit être parfaitement plane. Puis, les véhicules travaillent les uns derrière les autres. Le camion-benne déverse un mélange de bitume et de granulats, appelé « enrobé », sur l'alimentateur, qui approvisionne le finisseur.

Le finisseur est une énorme machine de 45 tonnes, guidée par un système électronique. Il couvre toute la largeur de la chaussée, sur laquelle il répand l'enrobé en une couche bien uniforme. Le finisseur roule à 4 mètres par minute, sans interruption, de 7 heures à 16 heures.

La couche d'enrobé est ensuite tassée par **un compacteur à pneus** puis par un compacteur à billes.

Le camion-benne transporte l'enrobé provenant de la centrale d'enrobage installée près du chantier. Des vérins hydrauliques inclinent la benne.

On injecte de l'eau sur le rouleau du **compacteur à billes** pour empêcher l'enrobé d'y rester collé.

Couche de roulement : 7 cm
Couche de base : 11 cm
Couche de fondation : 12 cm
Couche de forme : 40 cm

Une fois la chaussée terminée, les véhicules roulent sur les différentes couches superposées. Pour que les trois dernières couches soient bien liées entre elles, on étale sur elles une colle adaptée au bitume.

LES ENGINS DE DÉMOLITION

Chaque année, des milliers de bâtiments sont démolis à cause de l'usure ou d'une fragilité due à un incendie, un tremblement de terre... Les sociétés spécialisées utilisent des pelles hydrauliques, des tractopelles, des boules de démolition. On examine avant tout le bâtiment à démolir : ses composants (béton, brique, bois) et sa structure (béton armé, poutrelles). On évalue les risques (par exemple, si le bâtiment ne s'effondre pas comme prévu). Les travaux de démolition durent parfois des années.

La pelle hydraulique

Elle a révolutionné les chantiers de démolition. Équipée d'un long bras très puissant et cependant agile et précis, la pelle démolit des bâtiments, déplace des gravats, comprime de la ferraille. Sa précision est due au système hydraulique et à la commande par ordinateur. Selon les outils fixés au bout du bras, la pelle accomplit de multiples tâches. Avec un grappin (1), elle saisit des poutrelles d'acier au milieu d'un tas de gravats. Avec un godet à dents (2), elle arrache un coin de mur. Avec des cisailles (3), elle tranche des poutrelles ou démolit des conduits. Avec un brise-roche (4), elle écrase ou brise de grandes digues de béton.

Les conducteurs d'engins doivent savoir réagir rapidement face aux situations inattendues.

Cet engin électrique équipé d'un brise-roche est télécommandé. De petite taille mais très puissant, il se faufile dans les endroits étroits, même en sous-sol, pour démolir ou perforer de la roche dure.

*Ce **minitractopelle** est monté sur roues.*

Les explosifs

On commence parfois la démolition avec des explosifs. Des experts choisissent l'explosif approprié et les points d'explosion pour que le bâtiment s'effondre à l'endroit voulu, sans faire de dégâts et trop de débris.

La grue à boule de démolition

La flèche de la grue porte à son extrémité un câble, mesurant jusqu'à 45 mètres de long, au bout duquel est suspendue une énorme boule d'acier pesant jusqu'à 2,5 tonnes. Le grutier adroit manœuvre l'engin de telle sorte que la boule, qui frappe le mur, ne rebondisse pas dans sa flèche. Quand il a beaucoup d'expérience, il sait repérer l'endroit à frapper et l'atteindre dès le premier lancer de la boule. Il actionne une douzaine de leviers et des freins à pédale avec ses mains et ses pieds !

À cause de sa dangerosité, la grue à boule de démolition n'est plus utilisée dans certains pays comme la France.

Le tractopelle

Cet engin ramasse les débris tombés à terre. Très mobile, il se déplace beaucoup sur le chantier. Quand le terrain est très accidenté, il est monté sur des chenilles qui écrasent les gravats. De sa cabine, le conducteur sépare les matières à recycler de celles qui sont destinées au remblayage.

LES ENGINS DE CONSTRUCTION

On commence par construire les fondations, qui supporteront l'immeuble et où seront situés caves et parking. C'est l'étape « au-dessous du sol ». Il est parfois nécessaire de creuser des puits de 10 à 20 mètres au moyen d'engins de forage et d'y couler du béton pour stabiliser le terrain. Dans l'étape suivante, dite « au-dessus du sol », on construit les gros murs, faits de béton. C'est là qu'interviennent les bétonnières, les malaxeurs et les pompes à béton.

La puissante pompe à béton stationnaire permet de transporter du béton à la verticale ou à l'horizontale. Par exemple, pour construire une tour de 52 étages à Chicago, il a fallu pomper 29 000 mètres cubes de béton à la verticale à plus de 200 mètres de haut.

Si le terrain est argileux ou proche d'une zone d'eau, on y coule des pieux en béton. Pour cela, on creuse des puits au moyen d'engins de forage.

La pompe à béton automotrice

La pompe-éléphant est équipée d'une trompe qui aspire et refoule le béton liquide dans les tuyaux de pompage. Le pompiste oriente la pompe au moyen d'une radiocommande vers le point du chantier où doit arriver le béton, et vers les étages au fur et à mesure que les murs s'élèvent. Une bétonnière placée à côté alimente la pompe.

La bétonnière

Elle est chargée des différents matériaux qui servent à fabriquer le béton (ciment, sable, gravier) et d'eau dans son réservoir. Le gros tambour, appelé « toupie », est fabriqué dans un acier très résistant à l'usure. Il tourne sur lui-même et mélange le tout. C'est le conducteur qui règle la vitesse de rotation. Les toupies peuvent contenir 15 mètres cubes de béton. La bétonnière sert aussi à acheminer d'autres matériaux comme le sable ou le gravier.

Le coffrage

Pour monter les murs, les ouvriers installent des coffrages et coulent du béton. Une fois le béton durci, ils les retirent. Les coffrages métalliques sont plus coûteux que les coffrages en bois, mais peuvent être réutilisés sans problème.

Le béton se déverse dans la goulotte.

Certaines parties de l'édifice, pour être plus résistantes, sont en béton armé, c'est-à-dire un béton coulé sur des armatures de tiges de fer entrelacées.

TABLE DES MATIÈRES

LES ENGINS POLYVALENTS **6**

LES GRUES **8**

LES ENGINS PORTUAIRES **10**

LES DRAGUES **12**

LE TUNNELIER **14**

ENGINS MINIERS **16**

EXCAVATRICES ET DRAGLINES **18**

LES ENGINS ROUTIERS **20**

LES ENGINS DE DÉMOLITION **24**

LES ENGINS DE CONSTRUCTION **26**

ISBN : 978-2-215-08315-3
© Groupe FLEURUS, 2005
Conforme à la loi n°49-956 du 16 juillet 1949
sur les publications destinées à la jeunesse.
Dépôt légal à la date de parution.
Imprimé en Italie (07-09)